减压法 5分钟阅读 零焦虑入眠

[日] 弥永英晃 著

黄喆 译

SPM 南方传媒 | 花城出版社

中国·广州

图书在版编目（ＣＩＰ）数据

零焦虑入眠：5分钟阅读减压法／（日）弥永英晃著；黄喆译. -- 广州：花城出版社，2023.1
ISBN 978-7-5360-9813-8

Ⅰ．①零… Ⅱ．①弥… ②黄… Ⅲ．①心理压力－心理调节－通俗读物 Ⅳ．①B842.6-49

中国版本图书馆CIP数据核字(2022)第214090号

"NERU MAE NI 5FUN" YOMU DAKEDE "FUAN" GA SUUTTO KIESARU HON
Copyright © 2020 by Hideaki YANAGA
All rights reserved.
Illustrations by MIZUSU
First published in Japan in 2020 by Daiwashuppan, Inc.
Simplified Chinese translation rights arranged with PHP Institute, Inc., Japan.
through CREEK & RIVER CO., LTD. and CREEK & RIVER SHANGHAI CO., Ltd.

著作权合同登记号：图字 19－2021－292 号

出 版 人：张　懿
责任编辑：刘玮婷　蔡　宇　徐嘉悦
技术编辑：凌春梅
装帧设计：小　斌

书　　名	零焦虑入眠：5分钟阅读减压法 LING JIAOLÜ RUMIAN：5 FENZHONG YUEDU JIANYA FA
出版发行	花城出版社 （广州市环市东路水荫路 11 号）
经　　销	全国新华书店
印　　刷	佛山市浩文彩色印刷有限公司 （广东省佛山市南海区狮山科技工业园 A 区）
开　　本	787 毫米×1092 毫米　32 开
印　　张	4　2 插页
字　　数	70,000 字
版　　次	2023 年 1 月第 1 版　2023 年 1 月第 1 次印刷
定　　价	39.80 元

如发现印装质量问题，请直接与印刷厂联系调换。
购书热线：020－37604658　37602954
花城出版社网站：http://www.fcph.com.cn

零焦虑入眠：5分钟阅读减压法

目录

第一部分
引言

为什么通过"故事"可以改变你

第二部分
奇迹的故事

只需阅读就能消除不安的"七个故事"

插 画 MIZUSU

前言

恋爱、职场、生活、人际关系、商务谈判、健康、金钱……

此刻，在上述这些方面，有没有哪一个让你感到"不安"呢？

这是一本我作为心理咨询师兼作家，把脑科学、心理学的理论和技法编写成故事（或者说是小说）的书。只要睡前读一会儿，心里的不安便可瞬间转化成快乐。出于这个目的，我创作了这本书。

我认为这类书籍，在日本也好，在国外也罢，目前应该还是独一无二的。本书的第二部分是一种创新的小说形式，单凭阅读就能"从潜意识开始深度治愈内心"。此部分分为七个短篇，即使是对长篇读物有"阅读困难"的人也可以轻松接受。

作为一本可以轻松阅读的心理学书籍，我会尽量少用难以理解的专业名词和理论。我想任何人都应该可以轻松读懂。

只需阅读这七天的故事，你就可以期待得到以下的效果：

（1）用故事推动内心的潜意识。

（2）加入积极的暗示。

（3）消除不安，明天开始恢复元气！心态变得积极。

（4）增强免疫力（通过优质睡眠分泌荷尔蒙）。

（5）自我肯定能够带来高度自信。

书中的故事都有个好结局，这让读者既可以通过积极的暗示恢复元气，又可以提高自我肯定意识，不管是谁阅读，都可以瞬间减少不安。

此前的你想过要改变些什么，或者尝试过做出一些自我改变，可即使读了几十本书，都无法消除不安，原因就在于心中那不到一成的"意志力"在作祟。

在这七天的故事中，我加入了消除不安、让心态变得积极的心理暗示和情节，可以作用于内心占比高达九成的"潜意识"，能让你对自身的变化充满期待。

"潜意识无法区别想象（故事）和现实。"

"夜晚入睡前最容易进入潜意识的状态。"（详细内容请参考第一部分。）

本书也将运用以上观点促进潜意识变化。

仅在晚上睡觉前进行阅读，就可以用故事影响潜意识，让第二天的心情变得轻松，不安也随之消散。

这在心理学上是一种有据可依的治疗方法，从脑科学的观点来看，也有着让人值得期待的效果。

在脑科学的研究中，上述治疗方法实际应用到的是"镜像神经元"，俗称"模仿细胞"。

通过阅读出场人物的台词或是欣赏书中的插图，不安会消失，心态转为开朗而积极。通过阅读好结局的故事，可以帮助恢复精神，最后生成单纯的幸福感。

如果你想在晚上睡觉前，消除自己的不安，恢复元气，给自己的内心施予滋润和活力，这本书可充当"读懂内心的维生素"，为你提供一些帮助。

相信每次翻阅，都能让你的心灵恢复些许元气！

本书的显著成效

不再被
他人随意
使唤

自信随之
而来

每天都能以
好心情
度日

不再容易
失落

免疫力
提高

不管发生什么事，
都能抓住事物
积极的一面

工作上更
容易做出
成绩

不会因为
不安而睡不
着觉

不安感减少，
能获得
幸福的恋爱

本书的使用方法

◆通过阅读第二部分的故事，就能让不安转化成轻松，心态变得积极——如果你能接受这种说法，并且想继续往下阅读，那就请从第一部分开始阅读吧。

如果你想快速看完故事感受其效果，那就请在晚上睡前阅读第二部分。

◆关于第二部分的故事，建议从第一晚的故事开始，按顺序阅读。

◆一旦开始阅读本书，请不间断地重复阅读。建议坚持连续阅读21天（让其在潜意识里扎根）。

◆出声朗读，或是在心中一边默念一边品味一字一句，可以促进消除不安，让心态变得积极。

第一部分
引言

✦

为什么通过『故事』可以改变你

内心的构造——"意识"和"潜意识"

你听说过"潜意识"或者"无意识"这类词语吗？本书可以直通你的"内心潜意识"，使不安化为轻松。在这里，先为你简单说明一下。

人的内心可以分为两大类。

"意识"和"潜意识（无意识）"。

发现人类存在潜意识的，是著名的精神分析师、"心理学之父"西格蒙德·弗洛伊德博士。

请看下一页，我将通过图画来展示内心的构造。

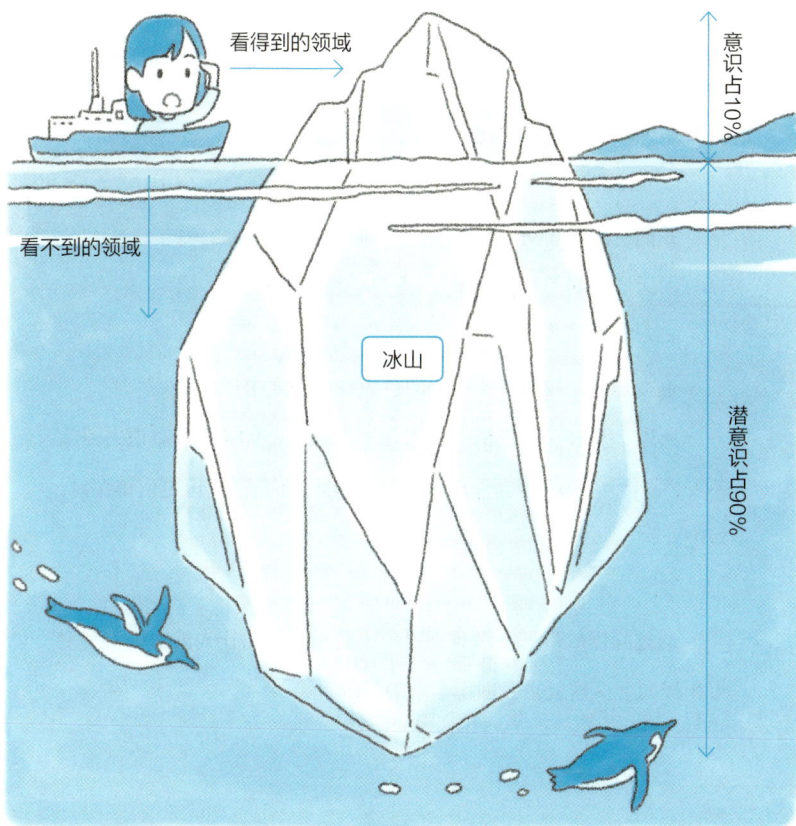

看得到的领域

看不到的领域

冰山

意识占10%

潜意识占90%

在船上看得到的冰山仅是顶端的一小部分=意识
在船上看不到的隐藏在海面之下的巨大冰山=潜意识

潜意识更具影响力

意识和潜意识的占比是1∶9。

我们所能感知的"意识",占内心领域的10%。

而无法感知的"潜意识",占内心领域的90%。

也就是说,我们所能感知的意识在内心之中只占10%。

所以,用10%的意识,和用几乎占满内心90%的潜意识去消除不安,哪个会更有效,更合理?真要说的话,还是潜意识更值得探讨,对吧?

通过阅读故事,在潜意识里植入暗示,从而让人消除不安,变得积极向上。这就是我创作本书的目的。

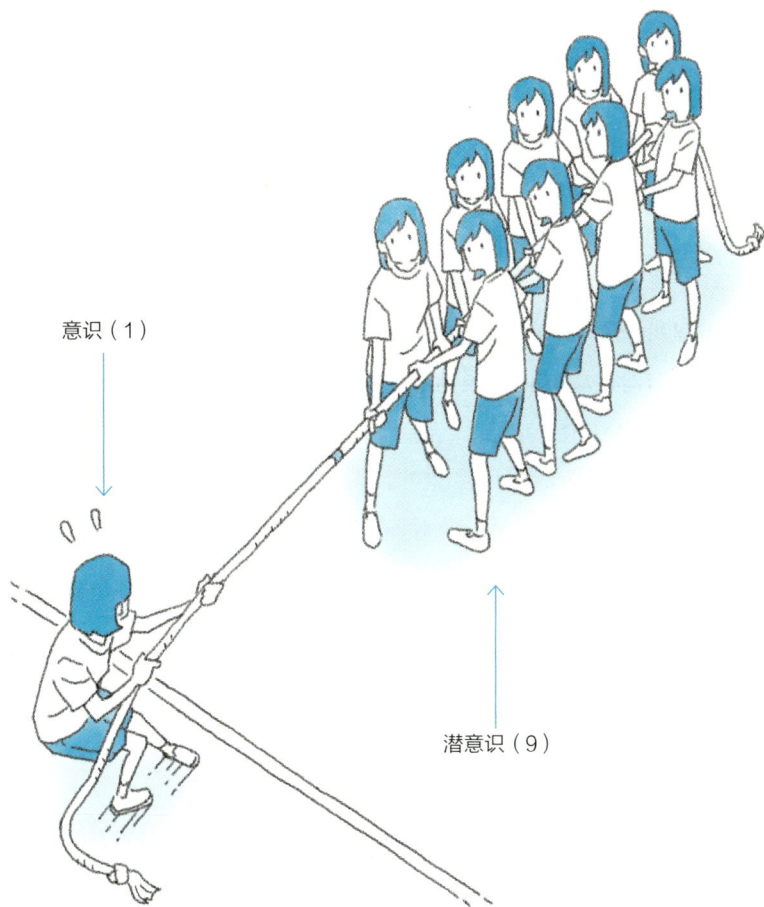

意识（1）

潜意识（9）

意识中10%的力量，不管怎么拉扯，都不可能赢过90%的潜意识。
两者之间存在压倒性的差异。

厉害的想象力

上文已经说过，意识和潜意识的占比是1:9。

那么，难道我们就无法好好利用能量更为强大的潜意识了吗？这里我们就要说到非常关键的"想象力"了。

可能有人会问，为何动用想象力就能利用到潜意识呢？让我简单来为大家说明一下。

简而言之，人在进行想象的时候，使用的是右脑，并且整个人处于一种放松的状态。试想一下有没有过这样的时候？当你在厕所或者浴缸里发呆时，一直烦恼的问题突然有了答案，或是有什么想法从天而降。这便是你用意识的力量和左脑怎么思考都无法获得的灵光乍现。

据说，人在一天内大概会有14次能稍微进入潜意识的状态。那是你利用想象力，脑波处于α波（放松状态时出现的脑波）的时候。

另外，潜意识具有"无法区分现实和想象"的特性。

现在我来对你提一个要求：

"请绝对不要想象一头粉红色的大象！"

听到这句话，你是不是已经开始想象那头粉红色的大象了？想象的力量就是这么强而有力。

再举一个例子。

"我们来想象一个柠檬。

"在你面前有一个黄色的、很酸的柠檬。

"用水果刀切开这个柠檬，清新的柠檬香味就会飘进你的鼻腔。

"将这个柠檬切一小块放进嘴里，用槽牙狠狠地咬一口。

"再想象你嘴里充满了柠檬汁。"

怎么样？

现在的你，肯定觉得嘴里很酸，还分泌了唾液对吧？

也就是说，即使只是想象，身体也会出现真实的生理反应。

因为潜意识具有"无法区分现实和想象"的特性，即使是置身于故事中进行想象，将想象的画面当作现实一般去领会，身体也会如同在现实中一样出现生理反应。

想象力就是通过这种方式，强烈而深刻地扎根于潜意识中。

在"潜意识"这片"农田里"植入暗示

潜意识就像农田，只要在你的地里种上精选的种子，之后只需静待收获就行了。

潜意识占据内心的90%，在心中种下正面的暗示和想象，就会化作行动、思考和习惯，继而在现实中呈现。

刷牙、洗脸、在电气列车里无意识地拿起手机，这些行为的产生都是因为之前已经被深深地植入潜意识之中了。

请按照下面的描述思考一下。

农田="潜意识"

优质的种子="正面积极的语言、暗示或想象"

收获的果实和农作物="行动、思考、结果、习惯"

在潜意识这片田地里，撒上优质的种子，在肥料、水和阳光都充足的情况下，通过不断给予积极的暗示、语言和想象，可以养成土质优渥的土壤，种子就能在此生根发芽，茁壮成长。

而收获的果实，正是"行动、思考、结果、习惯"。

既然认识到这一点，若想将不安转化为轻松，就要尽可能地在潜意识这片农田里多撒上优质的种子。

这种方法就称之为"暗示·想象法"。

接下来，我将针对这个暗示做一番详细说明。

为什么说"睡前阅读"比较好?

所谓暗示,就是对潜意识中深植的行为、思考和习惯等进行积极的语言引导。

暗示一般多用于催眠疗法等心理疗法中。催眠治疗师会对催眠状态下的咨询者植入暗示,从而使咨询者的状态有所好转,这种植入的话语,我们称之为暗示。

催眠疗法也被称为"暗示疗法"。

这里插入一个关于暗示疗法的逸闻吧。

据说,法国药剂师、自我暗示法的创始人埃米尔·库埃(Émile Coué)博士通过暗示疗法,使风湿病、哮喘、结核、癌症等病症的治愈率达到了93%。

没想到给患者内心植入暗示能有这种程度的疗效。

本书的故事也植入了消除不安的暗示。

建议在潜意识容易接受暗示植入的夜里阅读。

人在进入"变性意识"的时候，暗示会比较容易被植入。"变性意识"，顾名思义就是发生过变化的意识，简单来说，就是催眠状态。

　　正如前面所说，人在一天内大约会有14次轻度的催眠状态。通常来说，不管是谁都能自然地进入这种状态。

　　打个比方，就像晚上入睡前或早上起床时那种发蒙的半清醒状态。

　　当意识渐渐消失，那就进入睡眠状态了。

　　但我这里说的并不是睡眠状态。比方说，睡前播放设置了定时关闭功能的音乐，此时你的意识还在，还能听得到音乐吧？

　　这里指的就是这种悠闲放空的状态。

　　简而言之，这是一种放松的、心情愉悦且意识尚存的状态。

　　如果能在睡前抽出5分钟阅读本书里的故事，那些暗示的文字就会潜移默化地进入占据内心90%的潜意识里，形成积极的思考，继而消除不安的情绪。

什么是 "21天法则"?

约瑟夫·墨菲(Joseph Murphy)博士曾说过,人的潜意识具有强大的力量,他认为这是"人类历史上最大的发现",心之所想必定能有所成。

"潜意识21天法则"便是他提出的。

当你想改变某种行为或想法时,只要坚持21天不间断地执行,反复用语言暗示,就能在潜意识里进行固化,从而形成习惯。

习惯可以在无意识的状态下养成。

会有人认为早上起床后洗脸刷牙是一件很困难的事情吗?应该很多人会觉得这是自然而然的事吧,完全不觉得有什么痛苦。

这种感觉会强烈地支配一个人的内心和行动,甚至让你觉得,不这么做反而会不舒服。

这就是在潜意识中被固化之后的状态。

请你在这21天，也就是3个星期内，每天睡前都抽出5分钟来阅读本书的第二部分。

让积极的暗示在你的潜意识里形成固化，转化成积极的思考，不安也会随之消失。

这就是阅读本书能削弱不安的原因。

把积极的暗示植入潜意识，你的人生将逐渐有所好转。

好好睡觉！增强免疫力！

读了这本书，也能让你睡个好觉。

睡眠质量好，人的自律神经就能更好地发挥作用。因为自律神经和免疫系统的调节也是息息相关的。

自律神经分为交感神经和副交感神经，如果没有良好的睡眠，人就会感到压力，在紧张或兴奋的时候，活跃的交感神经就会占据主导。而人长期处于压力的状态下，免疫力就会下降。

如若睡得好，人的身体会分泌成长荷尔蒙，借此达到修复受损细胞、缓解疲劳、预防病毒入侵体内的效果。即使感染细菌或者病毒导致的风寒或者流感，也能很快治愈。

这本书收录的积极暗示，具有帮助你进入优质睡眠的助眠作用，可以靠着好好睡一觉来提高免疫力。

脑科学揭示的有效方法

我们从脑科学的观点来说说如何消除"不安"吧。

·镜像神经元有所反应，能让人感到幸福。

看到别人的行为，感觉好像就发生在自己身上一样，让人产生这种想法的脑细胞，就是镜像神经元。就如同照镜子一样，会让自己做出同样的行为，它的名字也由此而来。

由意大利帕尔马大学的贾科莫·里佐拉蒂（Giacomo Rizzolatti）教授等人发现的这种神经细胞，也被称为"共鸣回路"。不仅是眼睛所见，话语也会让人受到影响，产生反应。

在本书的七个故事里，那些带有积极暗示的语言、插图的表情、文字的笔触等都散发出幸福的气息，通过阅读，让你也能感到幸福，逐渐消除不安。

镜像神经元做出反应后，自己会变得积极，不安的情绪也随之消失。从脑科学的角度来说，这是正确的方法。

·良好的睡眠能消除烦闷、不安或失落感。

良好的睡眠可以消除大脑的疲劳，调整内分泌系统的节奏，烦闷或不安的情况便能随之减少。

第二部分
奇迹的故事

✦

只需阅读就能

消除不安的

『七个故事』

上帝赠送的才能礼物

这里有一座金光闪闪的大神殿。

神殿的周围飘着软绵绵的白云。

犹如软糖般柔软且有弹力。

看起来很美味的白云自由地到处飘荡。

神殿的长椅上，上帝正悠闲地坐着。

他身穿白色丝绸做的长袍。

蓄着长长的胡子，长长的白发随风飘动。

这时，一位如孩子一般高的天使正往这边走来。

他笑眯眯的，脸上挂着可爱的笑容，背上长着白绒绒的翅膀。

天使说："上帝，婴儿神殿里有新的婴儿出生了！"

上帝说："哦哦，这样啊，那要给这个孩子送点什么呢？是男孩子？还是女孩子？"

天使说:"是女孩子哟。"

上帝抱着胳膊认真地思考着。

然后说:"这样啊,那就送一份'爱'的礼物吧。"

天使说:"好的,送'爱',是吧。"

这里是上帝从天界向人间输送婴儿的地方。

在人间,有很多妈妈们正等待着怀上心爱的孩子。

上帝把婴儿送到人间,生命就会投宿在妈妈们的肚子里。

等到出生之后,上帝就会让天使给每个婴儿赠送"礼物"。

"爱""善良""勇气""力量""梦想""美丽"等,上帝会把这些能引导人积极向上的才能作为礼物送给他们。

而收到礼物的孩子们,便会成为带着这个性格特征的人。

比如,得到"爱"的孩子,会成为"善良的孩子",或者被很多人爱的孩子,而他自己也会在地球上传播"爱"。

有些人成为医生或者护士,帮助很多病人。

有些人经营孤儿院，帮助许多孩子。

在上帝过去赠予"爱"的人当中，最有名的是特蕾莎修女和印度"国父"甘地。

他们给很多人带去了幸福和爱。

天使将襁褓里的婴儿轻轻地递到上帝的面前。

上帝指着婴儿胸口处的心脏，念了咒语，一道闪光从指尖飞出。

于是，这个婴儿被赠予了"爱"的礼物。

人间有很多等待孩子的妈妈。

天使就这样抱着女娃娃，降临人间。

最后来到一个年轻女子身旁——她和丈夫一起住在公寓的6楼。

夕阳西下，厨房内"咚咚咚"一阵响，是菜刀切菜时的轻快声音。

天使可以轻松地穿过实物。

人间的妈妈们无法看见天使和女娃娃。

趁她回头打开冰箱的时候，天使隔着她那件做饭时常穿的围裙，悄悄地将裹着襁褓的女娃娃凑近妈妈的肚子，轻轻地触碰了一下。

接着……嗖地一下，婴儿被妈妈的肚子吸了进去。

天使说："要做一个乖孩子哟。"
不过妈妈听不见这个声音。

天使飞向天空，穿过云层回到天界，向上帝汇报。

上帝说："是吗是吗？太好了。那我们看一下那个孩子30年后的样子吧。"

眼前突然出现了一幅犹如电影院那样的大屏幕。

屏幕中，那个孩子成为女医生，在贫穷的南方国度以志愿者医生的身份传播"爱"。她爱着很多人，同时也被很多人爱着。
屏幕里放映的画面都是幸福满满的笑脸。
大家都微笑着，看得人也不由自主地开心起来。

天使说："上帝，真的太好了。又一个男孩子出生了。"

上帝说："这次是男娃娃啊，送什么好呢？'勇气'和'力量'哪个好呢……"

上帝轻抚男娃娃的心脏，念起了咒语。

"啊!! "上帝叫了一声。

因为上帝这突然的一喊，天使吓了一大跳。
天使说："上帝，发生什么事了？"

上帝说："嗯……我本来想送给他'勇气'的，但是我错念成了'搞笑'的咒语……"

上帝竟然弄错了，给了他"搞笑"。

天使问上帝："不可以再念一次咒语吗？"
可是一旦送了礼物好像就不可以取消了。

天使很犹豫，但也没有其他办法，只能抱着男娃娃降临人间，放进一位生活贫穷的女人的肚子里。
天使有一种感觉，觉得这位母亲应该能明白这个孩子。

天使回到天堂的上帝身边。
异常担心的两个人马上看了这个孩子之后的5年、10年、20年、30

年和40年。

虽然在贫穷的环境中长大，但是这个孩子心地很善良，把这种贫穷变成了"笑料"，成为同学中的人气王。

后来，抱着"我想用搞笑给更多的人带来幸福"的决心，那孩子签约了演艺经纪公司，每天出入剧场表演漫才[1]和小品。

他不久便出了名，在电视上拿了很多冠军，成为顶流笑星。

在日本人气超高的他，在最忙的时候也不曾缺席每天的英语课。而这份努力也结出了硕果。

40岁的时候，他只身去了美国洛杉矶，在一个小小的试镜节目中获得优胜，开始在固定节目里表演短剧。

终于，他从一名电影导演那里得到了一个角色。

全世界的人们对他的演技赞不绝口，他在电影界也得到了认可，甚至被称为"好莱坞喜剧之王"。

之后，他终于凭借"搞笑"的力量治愈了战争中的士兵和民众，获得了"诺贝尔和平奖"。

---

① 漫才是日本的一种站台喜剧形式。

明明只是从上帝那里得到了"搞笑"的力量，居然还能为和平做出贡献。

不管得到什么礼物，只要使用得当，人都可以变得幸福。

得到满足之后，人也会向前看。

我们每一个人，在诞生于这个地球之前，都会从神殿的上帝和天使那里得到礼物，再来到这个人间。

全世界的孩子们都发挥了各自的才能，使地球上充满了幸福的笑容。

那么，你得到的是什么礼物呢？

光是想一想，都觉得元气和希望喷涌而至，不安也随之消失。

你活着的今天，就是最棒的一天。

听了这个上帝和天使的故事之后，你的内心会非常雀跃，更想探寻自己"拥有怎样的幸福"。

明天依然充满希望。

云羊和少年

少年霍兰和姐姐波罗玛是牧民，生活在蒙古大草原广阔的高原上。

因为高原属于大陆性气候，雨水很少，空气也很干燥。

根据季节和昼夜的不同，夏天气温可高达40摄氏度，冬天又只有零下30摄氏度。

高原地带树木很难生长，只有很矮的草坪。

正因如此，这片地域的畜牧业自古以来都很发达。

霍兰具备的关于气候、羊草料、水源等这些游牧民族长年积累下来的游牧经验，都来自于姐姐的传授。

随着季节的更迭，他们要去寻找最适合的场所。

姐弟俩在仅用两个小时便能搭好的移动式房屋，也就是蒙古包里，开始了生活。

蒙古包附近的水源处有十只羊。

突然，周围出现一片耀眼的闪光，少年和姐姐闭上了眼睛。

下一个瞬间，睁开眼的霍兰和波罗玛都惊呆了。

"姐、姐姐……浮、浮起来了。我们不是在做梦吧？"

眼前的羊群悬浮着飘来飘去。

看到羊群在距离地面一米的地方飘来飘去，姐弟俩赶紧拿起绳索套住羊的脖子，将十只羊固定起来。

羊的毛色变成了淡淡的黄色。

会不会，和刚刚打雷有关？

霍兰即刻伸出手，摸了一下柔软的羊毛。

并没有噼里啪啦的触电感。

霍兰渐渐兴奋起来，心想：

如果剪下羊毛织成毛衣来穿，是不是我也可以飘浮在空中？

"姐姐，与其把羊毛剪下来卖，我更想把它做成毛衣。这样我们就可以在空中飘来飘去地玩耍了！"

波罗玛也开始帮忙收集十只羊的羊毛。

不可思议的是，当他们剪下羊毛后，本来在空中飘浮的羊，一下子就落在地上，开始若无其事地走来走去。

于是，姐弟俩决定将这些羊称为"云羊"。

蒙古包里，姐姐彻夜为弟弟织毛衣。

编织的时候毛线一直飘浮着，所以过程并不容易。

"织好了！快穿来试试！"

波罗玛把飘浮着的毛衣套在霍兰身上。

于是乎，霍兰就轻飘飘地浮到了蒙古包的顶部。

"哇啊啊，太开心了!! 真的飘起来了。感觉什么烦恼都没有了。简直太棒了！"

少年非常满足，晚上也在蒙古包里飘着睡觉。

"这简直就是空中之床，真的好快乐啊……"

"什么烦恼都忘光光了，就这么睡吧……"

"而且还很暖和呢……"

全身轻飘飘的……他的内心变得轻盈，心情也舒畅起来，不知不觉间就睡着了。

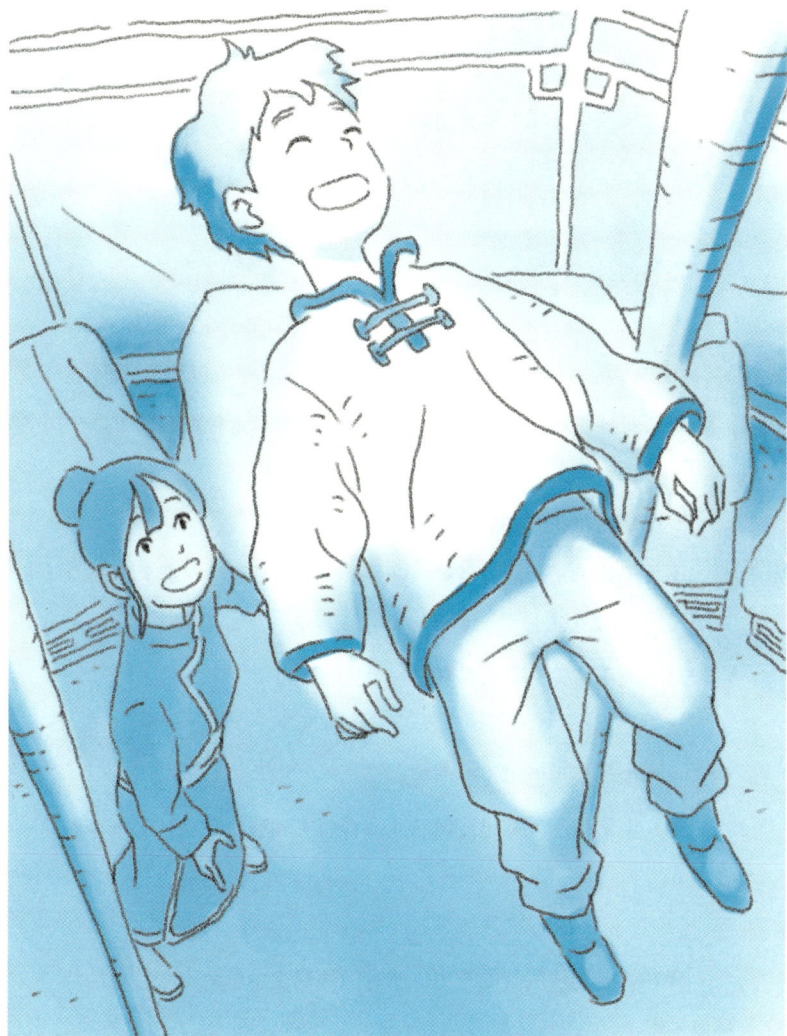

明天就到外面来个空中散步吧。

第二天一早，霍兰就火速拿着绳子把自己绑好，然后拜托姐姐拿着绳子，自己便飘向空中。

霍兰的身体缓缓上升。

不一会儿，他就看见了远处辽阔的大草原、蒙古包和戈壁沙漠。随着身体越飘越高，脚下的姐姐也变得只有米粒那么小了。

身旁是白花花的云朵。
不可思议的是，他轻轻碰一碰云朵，居然可以坐在那上面。

这一连串体验简直就像梦幻一般让人兴奋。

这个少年从小便很羡慕小鸟。
他一直幻想着，如果能像鸟儿那样想飞到哪里就飞到哪里，该有多好……

现在终于能从所有的重力、所有的烦恼之中解放出来，心情舒畅得不得了。

霍兰在云上看见了远处游牧民族的蒙古包，还有成群的家畜。

他翻了个身，呈"大"字形躺在云上。

无论飘到哪里，都能看到清澈美丽的蓝天。

心中所有的烦恼都被吸入到这片蓝色之中，不安的情绪瞬间被蓝天融化，消散不见。

仿佛什么都不需要烦恼似的，我们就是自由的生物。

身体和心灵由内而外都被治愈了，欢快的情绪随即涌上心头。

你梦见什么了？

把你梦到的，随心所欲地画在这张纯白的油画布上。

再涂上颜色，加入对白……

地上的姐姐波罗玛一直等待着。

霍兰用力拉了两下固定在身上的绳子，以此为信号。

波罗玛在收到信号后，把霍兰拉回了地面。

姐弟俩拿着云羊毛做的飞天毛衣，来到了大富豪的豪宅。

大富豪用他们一辈子都花不完的大量金子，买下了这件毛衣。

霍兰用这些金子开了一家专门出口蒙古族民间艺术品和食品的公司，姐姐波罗玛再用赚到的钱做公益，把食物免费赠予贫穷的游牧民们。

他们把公司命名为"霍兰&波罗玛财团"。

很多人由此变得幸福，喜笑颜开。

当霍兰在蒙古包里飘来飘去的时候，从神殿的天使口中听到了这些话：

"霍兰，你得到的礼物是'善良'。从今往后，你被赠予的未来，就是要把你的善良传播给更多的人。"

姐弟俩深受蒙古游牧民们的爱戴，一生都无须为金钱所困，每天笑容满面，快乐地生活着。

第3夜

天堂的『人生图书馆』

初中一年级的木村高志最烦恼的事情就是，他在学校里和朋友们都不熟悉，即使很用心，也无法很好地交流。

班里的其他人在四月份入学后就很快地交上了朋友，但是高志和谁都熟悉不起来。

虽然小学六年间一直都是孤零零一个人，但他坚信到了初中后，肯定会有什么变化。然而，结果并没有什么不同。

高志性格内向，不敢主动与人交谈。

即使在网络或者书本上搜索学习了"交朋友的方法""和朋友变得亲密的方法"，他还是无法执行那些内容和技巧。

因为总是一个人，所以每次午休的时候都会固定去那个不需要和朋友交流的地方。

那就是学校的图书馆。

高志非常喜欢看书。

因为可以学到很多知识。

高志想尝试看一点高深的、有难度的书，便从书架上拿出一本名为《心理学大全》的大词典，坐在大书桌旁的椅子上。然后，高志发现了一件不可思议的事。

这本又厚又重的书多达千页，封面上写着《心理学大全》，可是里面不管哪一页却都没有内容。

高志直直地盯着手中这沓白纸，身体慢慢发热，有一种要被纸吸进去的奇幻感觉。

☆

刹那间，漆黑的四周变亮了，眼前的景象终于能看清了。

不同于之前所在的学校里那个小小的图书馆，这里像东京巨蛋一样高，我数了数，一共有十八层，且都被巨大的书架填满了。

"这里到底是哪里？我明明在学校的图书馆……"

正想着，突然出现了一位戴着黑色墨镜、穿着夏威夷花衬衣的老人，笑眯眯地说道：

"真是稀奇，居然有这么年轻的人来到这个天堂的'人生图书馆'……"

"请问这里是哪里？"

"这里是天堂的'人生图书馆'呀……"

"天堂？也就是说，我在不知不觉中死在学校的图书馆里了？"

"这个嘛……虽然很不幸，但事实就是这样。总比脑袋撞到豆腐角死掉好吧。哈哈哈哈哈！"

"这一点都不好笑，好不好！！我还没完成自己想做的事呢！！"

面对这个过于随意的老人，连没什么脾气的我都不免生气回怼。

"哎呀，你还有什么事没做完？"

"我想交朋友。我想和他们一起玩耍，倾诉烦恼，还可以互相串门。我想要这种普通的朋友。在学校的时候我总是一个人……"
面对这个一边笑眯眯一边问话的老人，我生气地道出了心声。

"哦哦，那比起男性朋友，女孩子更让你期待吧？简单来说，你就是想享受青春，对吧？"

"男性女性都可以，对我来说，只要能交到朋友……话说回来，不好意思，请问您是谁？"

毕竟正处于青春期，我不可能对女孩子没有兴趣。

可是，我连同性的朋友都没有，突然说要交异性朋友，放在游戏里，这不就是困难模式吗！

虽然内心这么想着，还是听听老人怎么说吧。

老人指着自己的脸：

"你问我是谁？我是天堂人生图书馆的综合管理人。这个书架上陈列的书是由全世界'每个人一生的历史'做成的。书脊上写着每个人的名字哟。"

"也就是说，这里也有一本写了我的一生的书？"

"有呀。你看，对了，你叫什么名字？"

"木村高志。"

"等一下哈。"

说完，老人马上起身，眨眼之间就上了台阶，消失在高志的视野里。

15分钟后，老人回来了，腋下还夹着一本书。

"看完这本书，就会知道自己的整个人生，你觉得这样没问题吗？"

"能有什么问题，我不是在初一的时候就死在图书馆里了吗？除此之外还写了什么？"

"啊，在此之前，作为给你看这本书的交换，你也替我做点什么吧？我都这把岁数了，还要鞭策这副衰老的身体去工作。你不觉得很可怜吗？"

虽然有点迷惑，可也没有其他选择了。

"我明白了。那您告诉我都要做些什么工作吧。"我说道。

"你要找出到访这里的人的'人生之书'（即写着这个人名字的书），让他读完全书，并和本人确认书上写的人生是否正确。如果需要修改的话，就用钢笔画两条线，写上新的内容。然后，在书的版权页印着最终发行日的地方，让本人签名。

"做完这些工作后，那些人就可以前往一个乐园。那里很幸福，没有任何痛苦，每天都如同在天堂一般。

"把这些书放回原来的书架上，所有流程就算完成了，之后就会出现通往乐园的路。

"临时借出这个人的'人生之书'，所以这里就叫图书馆啦。不过，修改的时候一定要用'红色钢笔'，这一点绝对不能出错。"

"明白了。"

我按照这个综合指导员所说，为来到这个天堂图书馆的人修改"人生之书"，帮助他们前往乐园。

工作之余，我往旁边一看，那个戴着黑色墨镜、自称综合指导员的家伙，居然整个人躺平了，还从背包里掏出一本看似很深奥的书看了起来。

不过，那其实是一本成人读物。

我是在他给我做工作指导时无意中瞥到的。

按理说，不会有人一边看着深奥的书，还一边露出笑嘻嘻的表情。

我在这里大概帮助了一百个人前往乐园。

我用红色钢笔和漂亮的字帮他们修正了内容，得到了大家的表扬，他们还说："你很亲切，非常耐心地听完我说的话。而且很贴心。谢谢你！"

这其间也有让我禁不住流泪的人。和我交谈后，他们的内心似乎变得安详了。我在初中的班级里可是和谁都没说过话，也不是什么倾听对象……

不知不觉间，我接触了不同年代、不同性别的许多人，当中甚至有平素不会遇到的老婆婆或是60多岁的男性。

听着他们缓缓道出自己的一生，用红色钢笔把他们说的话和"人生之书"里有出入的地方找出来并替换掉。

在这个过程中，我仿佛变得可以正常交流，沟通障碍自然而然地治愈了。

在这里工作，为他人提供帮助，反而让我感到非常开心，也对这份指导和修改的工作乐在其中。

尔后的某一天，老人一改平日里笑嘻嘻的表情，一脸严肃地把我的书夹在腋下，走了过来。

"喏，这是之前说的那本书。"

递给我的这本书里，记载着初中一年级，我在图书馆里因为心梗死亡的事。

"你看，结局还是没有任何变化啊。不管我怎么努力，也不可能死而复生，我再也见不到朋友了！"

我刚说完，老人换了平时用的红色钢笔，改用"黑色钢笔"划掉了一句话：

初中一年级，在图书馆里因为心梗死亡。

然后用黑色钢笔在旁边写上"在图书馆阅读心理学的书，学会了沟通的方法，因此交到了朋友和女朋友。并且在未来成为小说家，作品在全世界被翻译成各国语言，深受大家的喜爱。之后在两个小孩、深爱的太太，还有爱猫的包围中，幸福地过完一生"。

"你的努力我一直看在眼里。你在我这里已经毕业了。请回到原来的地方吧。"

"请问……是什么意思？……"

正当我打算细问，迎面而来的光芒把我围了起来。

回过神时，我又回到了学校的图书馆。
手里拿着一本厚厚的《心理学大全》。

⭐

又过了20年。

现在的我，从美国纽约搬到乡下居住，同行的还有我那能干的妻子、两个可爱的女儿和两只猫。

我们在郊外一处广阔的土地上搭建了大房子，每天都有很多的编辑来我家拜访。
我的书成为全球范围的畅销书，生活不再为钱财所困，过得非常幸福。

现在我在创作一个作品，书名就叫——
《天堂的人生图书馆》。

书中最后的文章是写给你的。

我非常感谢你。

如果你不曾让我在那里工作，或许我就无法了解别人的烦恼，体会人间疾苦吧。

而且也无法交到朋友。

我本来想对你保密的，其实在去图书馆的前一天，我梦见了天使。

详细的内容，等见到你的时候，我们再一边喝酒一边聊。

我很期待和你重逢的那一天。

在那之前，我会一直写书，向全世界传递快乐。

希望你有机会可以看到我的书。

木村高志

我用黑色钢笔在稿纸上写下了以上内容。

音乐的海边和 IQ180 的天才

在我内心迷惑彷徨的时候，我总是会将自己置身于自然当中。

小时候，我被医生诊断为"自闭症和焦虑性障碍"，妈妈对我很失望。为了进行发育和智力的检查，我被迫接受了"IQ测试"。

当医生给我们看了测试结果后，妈妈阴郁的神情一下变得明亮起来。

医生说：

"您的儿子有异于常人的大脑。感觉灵敏也正是因为这个原因，而智力方面，就一般成年人而言，100是正常的，而您儿子的数值是180。"

从那以后，妈妈就对我特别照顾。

我并没有关于父亲的记忆。

听说在我出生之前，父亲就病死了。

我从小就讨厌剪头发。

所以，直到现在，我都留着齐肩的长发，在脑后绑成一束。

似乎有着某种强烈的执着。

有时，我也会突然感到一种无可救药的全能感和自卑感。
这种情绪的浪潮让我感到很苦恼。

每当这个时候，我就会去那个地方。
那个我最喜欢的、被我称为"音乐的海边"的地方。

以前，我和朋友一起去过那个地方。
朋友感叹："好漂亮的地方！感觉整个人都被治愈了。"

他可能感觉到了那种被科学证实了的1/f波动，还感知到了负离子。
又或者，沐浴在阳光之下，大脑会分泌出血清素，从而产生愉悦的生理反应。

而我看到的，是和朋友完全不一样的世界。

我看到的是太阳光的波状，它的几何学造型是这个世上任何物品都无法媲美的。
在这个波状里，可以找到无数被称为艺术造型的黄金比例。

而海浪的声音，在我的脑内犹如节奏和音阶。

我从很小的时候，一听到声音就会看到颜色。

科学家们把这种现象称之为"联觉"。

这种特殊感觉也是我的世界观之一。

一个接一个的海浪声……记忆在空想的世界里飘浮……

1926年，在第一次世界大战结束后的捷克斯洛伐克，亚纳切克
（Leoš Janáček）的《小交响曲》正在演奏，听起来就像是为了大会
而制作的演奏曲。

每天，海浪的状况会在气候的影响下产生变化，时而像古典音
乐，时而又像摇滚乐。

不管是哪一种，都最适用于感情的流露，并且能疗愈人心。

愤怒是必要的，所以我们心中会产生这种情绪。

同样，悲伤和不安也是需要的，所以我们能够有所感知。

音乐有一种叫作"调和作用"的治疗方式。

当你感到不安或悲伤的时候，比起欢快的流行音乐或者摇滚乐，听一些安静的古典或是治愈系的音乐，更能被调和治愈。

就个人喜好而言，比起愤怒，我的情绪外露会更多地倾向于不安，所以风平浪静的海面对于我来说，有更好的治愈度。

因此，我经常在风和日丽的晴天来到这片海滩散步。

在自然界里，万物遵循平衡。

而人类也是其中之一。

闭上眼睛幻想一切。

犹如冥想一般让心情平静。

脑海里无法区分想象和现实。

想象出来的东西甚至在现实中也感觉得到。

我们甚至可以利用这些来做深层的自我治愈。

在这片"音乐的海边"，赤足在细密的沙滩上散步，浅浪拍打着右脚，稍微有些冷。

每次漫步在沙滩上，厌烦的情绪或不安、愤怒、压力等，从脚底被沙子吸走，消失殆尽……

置身于最爱的海洋中游泳，以自由的姿态，暂时脱离所有人的束缚。

聪明的粉色海豚游了过来，对我说："一起玩吧。"

只要看它们的行为，就能明白它们想表达的一切。

我骑着海豚自由地在海底探险。

因为是想象，所以丝毫不觉得呼吸困难。

美丽的珊瑚群，从未见过的漂亮的鱼儿们，都生活在这片透明度高的清澈蓝海中。

这个世界上，同时生活着各种各样的人，他们大多数都有自己感到幸福的生活方式。

而从一切中解放出来的我，是自由的。

我在海中见到了一个身影。

直觉告诉我，这是我从未见过的父亲。

父亲在海中拥抱我，和我说：

"爸爸爱你。你一定要坚强、温柔、自豪地生活下去。"

之后，父亲的身影就消失在海里了……

仅仅数分钟的奇迹。

我和海豚道别，回到了陆地上。

冥想的画面在平稳的呼吸中结束，我睁开眼睛。

在眼睑打开的时候，我的脸颊上淌下了两行泪。

体验过这种不可思议的疗法后，我的焦虑性障碍被治愈了。

后来，我进了日本名校的尖子班，并以第一名的成绩毕业。

之后远赴美国，进入了美国的研究生院。

有人告诉我，大学是可以跳级的。

所以我仅用一年就从研究生院毕业了，并拿到了最年轻的博士
称号。

我所学的专业是心理学。

现在，我在日本地方上的一个小咨询室里，给患者进行一对一
的咨询服务。

也会写书，开讲座，上电视。

因为我对患者正确的建议和在心理疗法上患者的康复率，人们似乎都把我称为"奇迹的心理咨询师""天才心理咨询师"。

经常有艺人或政界的人从首都附近搭飞机来找我做咨询。

不过对我来说名气多大都无所谓。

我在内心深处认为，无名才是最好的。

就像红胡子医生①那样，利用出生时从上帝那里得到的礼物，和很多患者进行一对一咨询。

说起来，我还保留着胎儿时期的记忆（就是在妈妈的腹中以及出生前在天堂的记忆）。

我在一个叫作婴儿神殿的地方，从上帝那里得到了"光"。

那道光让我照亮了很多人心中的黑暗。

帮助那些人找到了自己真正的模样。

好了，今天我也要发挥自己的作用，去照亮这个世界。

因为这是我降临这个世界的意义。

---

① 山本周五郎所著时代小说《红胡子诊疗谭》中的主角，经常免费为穷人诊疗，或收治其他医生不愿意医治的病人，常作为"理想医生"的代名词。

我们的不安是生存的必需品。

如果心中没有不安，在很久以前，在那场和长毛象的战斗中，我们估计已经输了吧?

正因为内心有了不安，人们才会从这种不安的感受中学习。

不安并不是你的敌人。

所有情感都是你的伙伴，是你的光。

当你意识到这一点的时候，内心应该也会被瞬间治愈了吧。

能看见海的山丘酒吧

在一个能看见海的山丘上，有一个鲜为人知的酒吧。

在这个酒吧里，流传着一则都市传说。据说酒吧里的老板会调一种酒，名为"不可思议的鸡尾酒"，只要是恋人喝了，就可以幸福地结婚，并且他每年只调一杯。

但是，酒单上并没有标明这款特别的饮品，而且老板什么时候调，即使是店员去询问也得不到答案。

老板对客人非常友善，总是笑眯眯的，却始终守口如瓶，绝对不会透露喝了这款特殊饮品的情侣们后续的故事。

从酒吧的官方网站上可以了解到，老板是一位50岁的单身男性，身材纤细，脸上蓄满胡须，原本是一位时髦的心理咨询师。

令人吃惊的是，这个能看见海的酒吧明明不靠近市区，但因为这则都市传说，大半夜也经常满客。店内只有6个座位，最多也只能容纳10位客人。

　　官网上只刊登了营业时间、地图、店铺的照片、老板的照片，以及他原是心理咨询师等简略的介绍。因为没有写明电话号码和电子邮箱，所以看不懂地图的客人也无法通过打电话咨询找到店铺。

　　除此之外，网页上没有刊登任何其他信息。

　　SNS上倒是有相关信息，"情侣喝了必能幸福地走向婚姻的鸡尾酒，恋人们的圣地酒吧"。

　　但好像无论是想拍店铺还是老板，都是禁止的，所以也没有更详细的内容了。

　　老板很善于倾听，顾客们为了和老板聊天也会常去坐坐。

　　今天是平安夜。

　　在东京都内一家出版社担任编辑的彩，某一天找到了想和对方一起去那个酒吧的人。

　　基于工作关系，彩认识了其他出版社的编辑高桥先生，他的温柔和包容让彩深深地喜欢上了他。

　　两个人好多次在工作的聚会和酒会上相遇，彩很犹豫要不要告白，但最终还是无法做到。

"高桥先生可能只是把我当成工作伙伴吧……"

每次对话，彩都有这种感觉。

或许他已经有女朋友或者喜欢的人了。

无法压抑自己喜欢的心……心里特别难受。

即使心里知道"不可能"，清楚"可能会被拒绝"，但还是想将这种喜欢的心情告诉他，所以工作结束后，彩就直接上了的士，花了40分钟，好不容易来到酒吧。

彩是一个人找到这间"能看见海的酒吧"的。

老板好像不是很忙，正在看《小猫酷咪和"森林的幸福诊所"：幸福宝岛的冒险》。

"老板，你喜欢这位作家吗？"

"是的，因为我喜欢猫（笑）。酷咪也很可爱。"

老板浅浅地微笑着。

"老板，我今晚要向喜欢的人告白，立马就想到来坊间传说的酒吧'吉克斯'①沾沾好运，所以工作结束后就打车过来了。

---

① 即英文 jinx，意为（不吉祥的）征兆之说、倒霉事，但在日本有时也被用于形容好运好事。

"迄今为止，我谈的恋爱都没有超过半年，很难长久地维持。

"所以我非常渴望'真正的爱'。到底什么是真正的爱呢？"

彩点了一杯软饮，此刻正一边品尝老板放了蜂蜜的自制姜汁汽水，一边询问道。

"是啊。爱就是能将对方的优点和缺点全部接受。恋只是喜欢对方的优点，看到对方讨厌的地方还是会讨厌。"

"啊，确实是这样。我很容易喜欢上一个人，但是当看到对方的缺点，态度就会变得冷淡，然后分手。"

"小彩呀，如果开始喜欢一个人，你是否喜欢和这个人在一起时的自己，这一点是很重要的。因为人是无法欺骗自己的内心的。

"还有，如果你在考虑和这个人的未来，比如交往、结婚这些情况时会感到不安，那么多数情况下都会不顺利。相反地，如果你在描绘未来的时候，能感受到这个人在身边时的幸福感，那就会很顺利。"

老板来到彩的座位，耐心地告诉她。

"能和老板聊天真的太好了，非常感谢您。在恋爱的时候我会谨记这些的。"

说完，彩把手伸进包里找手机。

"我现在给他打电话……可以吧？"

"嗯嗯，可以的。"

老板点了一根烟，吧嗒吧嗒地抽了起来。

"今晚是平安夜，如果他有女朋友，可能不会接电话，即使这样你也会喜欢他吗？"

"是的。"

"那么，与其没有表白以后后悔，倒不如告诉他之后一身轻松地往前看……现在这样一个人在这儿闷闷不乐，挺难受的，对吧？"
老板说完微微一笑。

彩掏出手机开始给高桥打电话。
听到电话里传来的嘟嘟声，彩的心脏咚咚狂跳。

"请问是高桥先生吗？非常抱歉，在平安夜里突然联系您。其实我从很早之前就很留意您，那个……嗯……我，我喜欢你……喜欢你……"

"……对不起……"
嘟。嘟……嘟……嘟……

对方仅仅说了"让人难受的三个字"就挂了电话。

"老板，我被漂亮地拒绝了（笑）。我总觉得，一个人在平安夜来到传说中的恋人圣地，或许告白就能成功，所以才特地来到这里，却还是被拒绝，是不是很惨，可以难过地哭一场了……"

"确实也会有这样的情况。不过你真的很努力了。

"与人邂逅的概率本来就很低。两个人能互相喜欢，能成为恋人的概率就更是微乎其微了。不要难过，振作起来。今天肯定会遇见好事的。"

老板说完后，温柔地轻轻拍打彩的肩膀。

"我可以打开电视吗？想看看明天的天气预报……"
老板拿着遥控器问道。

"啊……嗯嗯……可以……"

"现在，日本全国发生了大规模的通信故障。正在加紧抢修，还需要一段时间才能恢复。"

"接下来是新闻时间。明天天晴。○○○是晴天。"

"明天是晴天啊。太好了。

"抱歉，开了电视来看。这就关了哈。"

老板按了遥控器的按钮关了电视。

"老板，我想变得幸福……"

"肯定会的。我要是年轻个20岁肯定追你（笑）。你的性格看着挺好，所以肯定会遇见非常好的人。

"现在已经很晚了，喝完这杯就回去吧。"

"您说话真的好温柔，我好想哭。谢谢您。"

彩把剩下的姜汁饮料一饮而尽，买了单，准备拿手机叫车。

就在这时，有电话打进来了。

彩手机里的来电显示，赫然是"高桥先生"。

"你现在在哪里？"
听起来很着急的样子，呼吸急促。

"○○○沿海，一家叫作'吉克斯'的酒吧。"

"彩小姐，我现在马上打车过来，你可以等我一下吗？"

"好的……我等你。"
说完就挂了电话。

彩握着电话，陷入了混乱。

她不明白，为什么高桥先生现在要赶过来？明明刚刚已经拒绝
了她……

大概过了40分钟，酒吧的门被打开，只见高桥先生跑了过来。

"彩小姐!!

"抱歉……刚刚电话断了，但是我的话还没说完……刚想打回
去的时候，好像就发生了通信故障。

"现在，我想和你说我当时的答复，我当时想说的话。"

高桥跳下的士后就全速奔跑到酒吧，现在气喘吁吁的。真是一个实诚的人啊。

"抱歉。我其实是打算先开口的，却让女孩子先表白了。
"我也一直都很喜欢你。"

彩听完之后大哭起来。
高桥先生紧紧抱住哭泣的彩。

老板满脸微笑，请他们坐下来。
明明他们没有点单，老板却拿出一杯插着两根吸管的鸡尾酒。

"喝了这杯鸡尾酒，你们将会迎来幸福。请吧。"

"那个，我还没有点单……请帮我下单吧。"

"不用了。这是我给你们两位的祝福。
"这杯饮料不是因为点单做的，而是我的心意。请喝吧。"

两人喝了鸡尾酒，恋爱一年后便结婚了。

后来的日子，正如老板所说，彩喜欢有高桥陪伴的自己，一想到两个人的未来也不会感到彷徨，肚子里也诞生了新的生命。彩将这些告诉了老板，老板特别高兴。

两个人结婚，孕育新生命，生活过得开心快乐，幸福洋溢。
每天醒来就能看到爱人的喜悦，还有能触碰到肌肤的幸福感。

彩打电话询问老板：
"请问那杯鸡尾酒的名字叫什么？"

"名字很长……听好了哟。
"爱是一种两人一起创造、一起感悟的情感。"

小猫酷咪和
『森林的幸福诊所』：
幸福宝岛的冒险

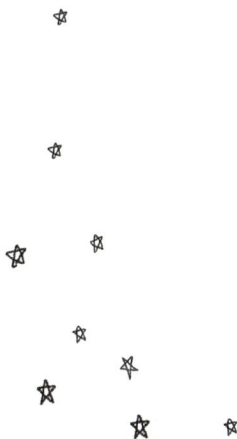

这里是幸福的王国。

妖精、动物、小矮人、魔法师都在这里幸福地生活着。

酷咪和妈妈罗莎一起住在森林中一栋两层的小木屋里。

妈妈罗莎酷爱做饭。

她一施魔法，小矮人和妖精就会翻转平底锅，做出美味的松饼。

邻居蜜蜂爷爷罗宾特制的蜂蜜松饼，上面满满当当的蜂蜜，堪称绝品。一口咬下去，甜蜜在嘴里融化，幸福感一下子蔓延开来。

"妈妈，我最近听说有一个地方叫作'幸福宝岛'，那里能让人变得很幸福，你知道这个地方吗？"

酷咪一边把松饼吃个精光，一边问道。

"嗯，我不知道，最好去问一下知识渊博的猫头鹰大夫。他是有名的心理学老师兼医生，应该会知道些什么。

"猫头鹰老师是我们的专职医生，你也认识的吧。

"他今天应该在'森林的幸福诊所'。就在平时经常走的那条路上，你应该不会迷路吧……"

"好，那我现在去。"

酷咪徒步走向森林。

"森林的幸福诊所"就在长满苹果树的高地上。

酷咪走进诊所。

麻雀护士前来询问：
"哎呀，小酷咪，你哪里不舒服吗？"

"不是，我没有不舒服，是有点事想请教医生。如果现在没有患者，我能和医生说几句话吗？"

"稍等一下。难得呢，现在居然没有患者。你运气太好了！"
麻雀护士说完，从接待室进入了诊疗室。

几分钟后，麻雀护士的身影从诊疗室再度出现："小酷咪，医生叫你！"一边说一边挥手（准确来说应该是翅膀）。

诊疗室中，穿着白衣的猫头鹰医生正坐在医疗设备的椅子上。

"你来得正好。今天没有患者。不过这正是平安无事的象征，挺好的。哈哈哈。"
猫头鹰医生笑道。

"我的朋友凯，问我知不知道能消除不安的'幸福宝岛'在这个国家的哪个地方。我就想老师可能会知道。"
酷咪说道。

于是乎，猫头鹰医生用翅膀指着酷咪的胸膛说道：
"'幸福宝岛'不是一个地方，是人的内心。
"在'幸福宝岛'上，有人会教你变得幸福的方法。这样，人们就可以随心所欲地在心里访问'幸福宝岛'了。"

接着，他开始说明"幸福宝岛的规则1"。

"每当大脑里想起讨厌的事情，你就会变得不安，对吧？"

"是的，我经常会这样。

"比如我会担心明天会不会睡过头，去魔法学校会不会迟到，考试会不会得零分，会不会被班里喜欢的人讨厌了，一想到这些就会很不安。"

"其实'幸福宝岛'最重要的是，如何从一直牵挂担心的状态，变得不再忧郁。积极情绪和消极情绪的比例要控制在3:1，这是首要目标。

"据人类时代的古书记载，有一门学问称为积极心理学，以上就是这门学问的一部分内容。

"你今天早上为家里所拥有的一切心怀感激了吗？

"是否感谢了拥有温暖的被褥？

"是否感谢了为你做美食的妈妈？

"是否感谢了让你能走到这里的健康的脚和身体？"

猫头鹰医生微笑着这么问道。

"没有，我之前认为这些都是理所当然的。所以完全没有感谢的心情。可是和您交流后，我学着去感谢，心里的忧郁一下子变得晴朗起来。"

"其实感谢这件事本身，就能让心情变好。

"实际上，根据人类界荷兰特文特大学的心理学家和心理健康专家恩斯特·博尔迈耶（Ernst Bohlmeijer）的研究，'有意识地感谢可以改善心理健康'得到了科学证实。

"比如，就像刚才所说的，如果脑中出现了一个不安的想法，可以把意识转向自己身边的东西，用三个积极的感谢来消除一个消极的想法。

"以我为例吧，可以表示感谢的对象有：（1）这里的医疗器具；（2）这里的药品；（3）这里的医学百科。

"也能对这些事情表达感谢：（1）能和你聊天真的太好了；（2）有了这所医院，拯救了很多患者的生命；（3）麻雀护士的协助。

"当出现厌烦的情绪时，像这样立刻想出三个感谢的对象并且说出来，心情会变得开朗。

"还可以对有爱人这件事表示感谢。感谢有水喝也是可以的哟。"

说到这里时，猫头鹰医生拿起医疗设备上的茶杯，咕嘟咕嘟地喝了起来。

接下来，猫头鹰医生将话题转到了"幸福宝岛的规则2"。

"其实，即使不说出口，自己在心里默念——被称为自我谈话——时，也会说一些带有否定性质的话：

"（1）这次好像考得不太好啊。

"（2）这次如无意外又失败了。

"（3）没有比我更笨的了。

"（4）又感情用事了。

"（5）要是没有我这个人就更好了。

"你是否有过类似的想法？"

猫头鹰医生问道。

"我有点不安，因为总是犯错误，考试总是失败，所以变得焦躁不安。

"有时会讨厌这样的自己，心里充满了医生所说的那种消极的自我谈话。"

"那些就是你在自己心里施加的'诅咒的话语'。

"这种时候，可以对自己说一些'祝福的话语'（即爱自己，支持自己的话）。

"比如刚刚的例子：

"（1）没关系，总会有办法的！

"（2）肯定会顺利的！

"（3）我是天才，没问题的！

"（4）我可以冷静地处理！

"（5）只要活着，就是晴天！

"事实上，只要那句话试着说出口就会有勇气。打起精神来，不安就会瞬间消失。

"就算诅咒的话语冒了出来，只要立马默念祝福的话，打消这些消极的念头就可以了。

"因为祝福的话语更有力量。

"如果实在因为诅咒的话语而痛苦，那就试着问自己'真的是这样的吗'。肯定有很多时候不是这样子的。

"比如，当出现'我学习不好'这种诅咒话语时，就问自己'真的是这样的吗'，当中肯定会有例外的情况。

"比如'喜欢的世界史科目得到了90分'之类的。

"用这种方式打消念头，不安就不会出现了。

"其实，不安就是自己内心无意识的习惯，由自己制造，并让自己痛苦。

"所以，我把这种现象称之为'自我折磨'，让我们停止'自我折磨'，多说一些祝福的话语吧。

"让自己的心情快速变得轻松，变得积极起来。

"希望大家能养成这样的习惯。

"如果能做到这两点，'幸福宝岛'就会永远存在于你心中。

"也就是说，幸福就是为了自己能够一直保持自己的心情，能够得到自我照顾。

"最后告诉你一个秘密吧。

"是关于运气的。

"人类的古书中记载了关于日本这个和之国的名言逸闻。

"松下电器的品牌创始人松下幸之助曾经说过，实力只占10%，而运气占了90%。

"有这么一件真人真事。他问那些想应聘自己公司的人一个问题：'你运气好吗？'回答'运气好'的人就能进入公司。

"在心理学上，这也属于自我暗示的一种，'我很走运，我会变得幸福，我运气很好'，只要你这么想，潜意识里就会出现这样理所当然的结果。

"所以，最后的'幸福宝岛的规则3'就是，相信自己的运气很好。

"如果能好好遵守这三条规则，不安就会一下子消失。"

"我明白了。真的学到了很多！从明天开始，我会努力试一下您所教的内容。今天真的太谢谢您了!! "

酷咪的眼睛闪闪发光。

向猫头鹰医生今天的解说表达了感谢之后，酷咪回到了妈妈家。

☆

自那之后过了15年。

酷咪渐渐变得精神，勇气涌现，也长成了一个聪明的孩子。

酷咪每天会向大部分居民传授"幸福宝岛"的内容，然后让他们自己去实践。

大部分人都变得幸福，酷咪也收获了大家的尊敬，在居民中也有了声望。

今天是"幸福之国"新国王的即位之日。

很多很多的动物、妖精、小矮人等国内的居民都聚集在一起。

城堡里，酷咪头戴王冠，坐在国王的椅子上。

因为实践了幸福宝岛的教义，酷咪终于成为了国王。

居民们学会了"幸福宝岛的秘密"，所以大家的生活一直都幸福满溢，这个幸福的王国也从此被称为人们最想来此居住的王国。

当上国王之后，酷咪突然想起来，当他还在妈妈的肚子里时——从天使那里获得了"勇气"的礼物。

看得见天使的画家的世界

在我看来，世界很温柔。

我天生失聪。

不过，如果真的有想传达的事情，只要看一下对方的眼睛就明白了。

如果能在那双眼睛里看到"天使之羽"，就能感受到来自温柔和爱的好意。

天使是不会住在恶意里的。

我从来不会为自己的失聪感到惋惜。

因为我还有很多能做的事情。

因为我知道"数得出多少件能做的事情"就是一件幸福的事。

令人不安的事是不可数的。

与其被不安吞噬，我更想致力于思考能让现在的自己和地球变得幸福的事。

假设有三个不同的人，碰巧遇到了一辆车。

即使看的是同一款式的红色国产卡罗拉，一个人聊的是设计，一个人聊的是颜色，还有一个人聊的是性能、燃料费和舒适性的问题。

即使大家看着同样的东西，看到的重点也会不一样。

察觉到这一点后，你就会发现，看哪里会让自己变得开心、变得幸福这种自我关注点的选择，完全取决于自己。

重要的是你看到了什么。

现在也有很多人和我聊天。
越是多嘴多舌的人，越是谁的话都听不进去，因为他只会自说自话而已。

不懂安静的人，其实就是完全不会倾听的人。

而我，听得到——

天使的声音。

天使的歌声。

天使的祝福。

我看得见天使的羽毛。

今天照例一个人在工作室里画画。

我很不擅长整理，房间里乱七八糟地堆满了油漆、素描纸、画夹、颜料等，我的衣服、手和脸上经常蹭到油画颜料。

因为外表这副样子，周围的人在街上和我擦肩而过时，都尽量避着我走。

刚刚提到的工作室，其实就是公寓里的一间房。

虽说是公寓，也就是一间有60年楼龄的老旧公寓，房东盛情地让我随意使用。

我自己的公寓在别处。

"这么可爱的年轻女孩子，老是一个人闭门不出，每天就只在家画画……"

房东说我的外表很可爱。

这种人并不常见，但是我能看见他心中有天使的羽毛，所以不是在说谎。

我不能在自家画画是有原因的。

我是依靠国家制度才得以生存的，所以调查员来我家的时候，这样的房间会给我造成困扰。

我靠着领取生活保障和残疾救助金这样的国家制度生活，但我从来都不觉得羞耻。

就像房东无偿将工作室借给我用一样，世界是在爱的循环中旋转的。

我有天使相伴，并不觉得寂寞。

只是偶尔被不安支配的时候，我会想到蓝色的东西。

蓝色有镇静的作用，是净化的颜色。

蓝色使人心情舒畅。

我喜欢用蓝色也是基于这个原因。

清澈透明的蓝天。

无边无际的大海。

把自己托付给蓝色的大海，想象着自己轻飘飘地浮起来。

这里有一个大概可以握在手里的小水晶。

这个蓝色水晶是从杂货铺老板手里低价购买的。

只需一把握住水晶，我就觉得非常解压。

当我对自己说"我很安心，我很冷静"的时候，可以通过耳骨听到自己的声音，深深地传到潜意识的深处，很多思绪就会在一瞬间变得冷静。

当遇到不乐意的情况，或是出现不安的情绪时，我就紧紧握住蓝色水晶。

天使看在眼里。

我的心会直接呈现在画面上。

可事实上，我也只是在自然界充当桥梁的作用而已。

自然界的一切通过我这个人类投影到画上。

天使对此乐此不疲。

有一天，房东回公寓拿落下的东西。而我有个毛病，每次集中精神就会忘记一切，所以玄关的大门就那么敞开着。

"小舞！"

我的全名叫木坂舞。

我正聚精会神地画画，房东来到我身后，轻轻地拍了拍我的后背，示意他进来了。

紧接着，房东惊呆了！

他赶紧拿出笔和纸写道：

"小舞，这么多奇迹般的画都是你一个人画的吗？"

"是的，是天使让我画的。"

我用书写的方式和房东交流。

"这样啊……好厉害，这些画。有50幅吧。还有啊，女孩子不能就这么打开大门不管的。很危险。"

我只点了一次头。

"我的朋友当中有一位经营酒吧的老板，他的酒吧可以开个展。你要不要试试在那里办一次？我从来没见过这么优秀的画。这些都是天使的画吗？"

我用笔写道：

"请务必让我开个展。可以看看我和天使说话后我所创作的画。每当天使挥动翅膀，我就能获得自由。"

一个月后，在看得见大海的山丘上那家"吉克斯"酒吧里，我举办了自己的个展。这里的老板原本是一位心理咨询师。

老板通知了酒吧的常客这里要办个展的事，所以那对幸福的情侣、在出版社工作的彩和高桥也来到了现场。

"老板，这些画，都是那位耳朵听不见的可爱女孩画的吗？

"怎么说呢，我感觉心里所有的情感都能被洗涤净化，充满神秘感和想象力。一直看看，就觉得作品仿佛活了一般，充满了生命力。而且，很吸引人。"

彩对老板这么说道。

"小彩，就如你所说。那个孩子好像能看到别人看不见的东西。这女孩仿佛就是为绘画而生的。"

老板微笑着对许久未见的小彩回答道。

"我想为这些画出本书！

"我想把它们做成治愈的画册，让全世界更多的人知道这些画！"

彩觉得，让这本书出版面世是自己的使命，那种终于寻获至宝的高兴让她流下了眼泪。

"你可以直接和小舞用笔交流哟。"

老板一边吧嗒吧嗒地抽着烟一边说道。

当时，有一位高挑的男生一直盯着那些画看，他留着长头发，头发扎成一束垂在后背。彩听到他说：

"这些画，有大自然。

"在这些画里能看到无数的黄金比例，时价不低于一个亿。"

彩心想着：一亿日元？黄金比例？这个人怎么回事？难不成他是什么年轻的名画买手吗？

因为那个人散发着难以靠近的气场，彩便不甚在意了。

之后，有着成熟气质的他一边看着画一边喃喃说道：

"要不就买一幅画挂在美国研究院附近的房子里吧……"

彩又想：不是买手。是美国的？研究生？原来是头脑好的人呀。
在临时回国期间经老板介绍来看画展，结果看到了这么有魅力的画，
他心里应该很开心吧……

于是，彩对他的印象有了180度的转变，好感度攀升。

在"吉克斯"店里，并排摆放着慕名而来的常客们送的花。

其中不乏明星、政治家、著名企业的董事长等，有几个名字还
曾在电视上见过。

甚至还有来自蒙古的花。

上面写着"霍兰&波罗玛财团"。

老板还有国际友人呀。

"老板果然是个名人。"

"没那么夸张啦。"

一向谦虚的老板微笑着回答道。

就在这时，彩突然瞪大了双眼！

她看到了凭借《苍之流星》一作获得"芥川奖"的小说家"木村高志"的名字。

他现在可是畅销书作家了，出版界的人们都翘首以盼能获得他的原稿。

业内相传他很快就要搬去美国定居了。

"老板!! 您认识木村高志先生啊!! 可以让我们出版社出版他的小说吗……"

"哈哈哈，小彩，同时追两只兔子的话，小心会一只都抓不到哟。今天你是为了出版小舞的书而来的吧？"

被老板一说，彩反省自己不该兴奋过头而变得庸俗。

"那就至少拿个签名……"

事实上，彩看过木村高志的所有小说。

重整旗鼓之后，彩来到舞的面前，写道：

"小舞小姐，初次见面。我是心书房的编辑近藤彩。您这次个展的作品将我的魂都勾走了。如果可以的话，能不能让我们将您的画做成书出版呢？"

彩甚至都想好了，这些如此美妙的画作，就算出版的事被拒绝了，买一幅挂在他们两口子的房间里做装饰也是极好的。

"我的画都是天使让我画的，并不是我的作品。所以，您可以拿去出版，但不用给我版税。我的条件就是，把版税全额捐赠给那些并不富裕的人，可以吗？"

彩相信，这本书绝对能打动人心，所以废寝忘食地开始制作。

就这样，舞的画变成书，并且成为全球性的畅销书。

在全世界卖出3000万册后，舞将所得的所有版税全额捐赠给穷困的人或团体。她被授予海外一流创作者的奖项，但她谢绝了。

那时，她的那番感言，在后来变成了传说：

"为了让我获奖，很多很多的人推荐了我。我知道这些画是有价值的，但我更想把钱捐出去。

"我并不是为了获奖才画画的。如果有时间出席颁奖仪式，我更想参加志愿者活动。只有无偿的爱和无条件的爱才能纯粹地救助人们的心。"

直至今日，她还在房东的旧公寓里，每天默默地描绘着天使的画。

她一直过着朴素而踏实的生活。
地位、权威、金钱、名誉……
舞对这些东西毫无兴趣。

一天夜里，舞正睡着，天使飞舞着降临，说道：

"你离我们很近，近到好像已经没有必要作为人类而生。所以我们彼此看得见，也可以对话。

"接下来，还要请你继续画画，以便让全世界的人能获得治愈。你的画，有着天使的力量，所以可以治愈他人。"

说完，天使温柔地将手贴在她的耳朵上。
"我已将'无条件的爱'送给你。"
之后，天使消失了，舞陷入了更深层的睡眠。

☆

第二天，舞像往常一样打开电视的开关。

平常她只靠眼睛看。

可是，今天有些不一样了。

早上醒来后，小鸟的声音、风的歌声、光的声音、电视的声音……
都能听得见了？

在我小的时候，曾因为耳朵听不见而遭受欺负。

在经济很拮据的时候，只能靠面包店施舍的面包边角料填饱肚
子，忍受饥饿地活着。

那时我就下定决心，以后绝不再独自哭泣。

可是，至少今天早上，请允许我哭吧。

泪水根本停不下来。

迄今为止苦难的人生之中，也有过慈悲。

靠着别人的施舍而活的人生。

接下来我也将为自己和别人而活。

谢谢您，天使。

感谢您将才华传授给我。

不安和恐惧的反面是爱。

爱是包容一切的治愈。

我会永远爱您……

后记

感谢您看到最后。

我希望大家看完故事后，可以通过科学的方式将内心的不安变为轻松，心情从而变得开朗。抱着这种想法，我创作了这本书。

我是催眠疗法的专家。

催眠疗法是一种通过语言和暗示引起潜意识变化的治疗方法。

我在这本书里记录了脑科学和心理学的理论和精髓。

另外，我本身也是一名插画家，脚本和绘图的技艺，也在创作本书的小说时派上了用场。

这是一本能瞬间减轻日常生活中的小烦恼的书。

针对恐慌症、社会性不安症、抑郁症和脑部发育障碍等带来的强烈不安的烦恼，我推荐《自我肯定的力量》《治愈力高达98%魅力咨询师推荐 消除恐慌症不安的17种方法》《"弥永式"自律神经看护

术　消除心理与身体不协调的有声图书》(以上书籍均为大和书房出版)。

幸福的人，都有一个绝对的特征。

在你所拥有的东西当中，最容易被运用，并且最容易发挥最大效用的，就是你自己，也就是你的潜意识。

幸福的人都很擅长运用自己的潜意识。

在对迄今为止的1.2万名咨询者，以及各类成功人士、企业家、艺人、运动员进行的训练中，我明白了"成功的人"和"不成功的人"、"成功但不幸福的人"和"成功后变得幸福的人"之间的不同。

这个秘密就是本书第一部分所讲的：要有效运用潜意识。

能够有效运用潜意识的人，成功后往往会变得幸福。

在故事中，我提到了"特蕾莎修女"，她曾留下这样的名言：

"人只要得到一句赞美的话，就能幸福地生活好几年。

"爱的对立面是毫不关心。"

虽然每个人的生活环境和情况都有所不同，但可以在自己的潜意识中种下美好的暗示种子，让爱成长。

这种爱会像杯子里溢出来的水那样，渐渐地传达给身旁的人。

"和那个人在一起总会心情舒畅。"

"看到那个人的笑脸，听到那个人说的话，仅仅如此就让我精神抖擞。"

"那个人很温柔又有包容力，很想见到他。"

我想这样的人，一定会被他人所喜爱和需要。

当想到"想见的人……""想聊天的人……"时，脑海里就能浮现出一个面容或名字，这样的你，其实很清楚地知道自己"内心痛快的方式"或"赞扬人的方式"是什么，也肯定是一个愿意"对对方表达敬意"和"赠予（即给予什么）"的人。

也就是说，在不知道"潜意识活用法"的情况下，你已经可以运用自如了。

如果看完这本书，可以让你的不安减少一点，心情变好一点，人生过得幸福一点，作为作者的我便深感荣幸了。

当你在阅读本书时，我会一直在你身边，一直陪着你。

期待有一天能和你相见。

令和二年
在书房的窗户一边眺望大分市秋天的星空一边写下了这篇后记

弥永英晃

作者简介

弥永英晃（YANAGA HIDEAKI）

心理咨询师、心理训练师、心理咨询学博士，护士，作家。现居大分县大分市。

22年间累积了超过1.2万人的心理咨询经验。治愈率高达98%。

个人预约已经排到了五年后，因为这种超高人气，也被称为"不可思议的心理咨询师""具有魅力的心理咨询师"。

本人在做精神科护士的时候也有过罹患抑郁症和恐慌症的经历，在治疗咨询和指导方面进行过系统性的学习和实践。通过心理疗法治愈了之后，便去了美国的催眠疗法专业研究院进行学习，获得了咨询学博士学位。

从一开始的心理治疗内科、精神科、青春期的门诊心理咨询师，再到后来成为独立医师。

除专攻不安、抑郁症、恐慌症、心灵创伤、依恋障碍等病症外，还擅长治疗恋爱、减肥、戒烟、依赖症、失眠等方面的心理问题，涉及范围很广泛。

另外也进行对运动选手的能力开发、比赛时的成果展示、提高记忆力等改善头脑的精神训练，也有针对医生、临床心理学者、护士等专业人士的心理指导。

个人行程长期处于被预约状态，其中不乏著名艺人、运动选手、政府官员、医生、护士、企业家、公务员、教师、学生、家庭主妇等各行各业的人士。

同时以作家的身份积极参与各种活动。

主要的著作有《自我肯定的力量》《治愈率高达98%的魅力咨询师推荐 消除恐慌症不安的17种方法》《"弥永式"自律神经看护术 消除心理与身体不协调的有声图书》（以上书籍均由大和书房出版）、明星安西浩子推荐的《不依靠药物也能变得轻松 有效治疗抑郁的方法》《立竿见影的睡前绘本 小猫酷咪的睡觉城堡大冒险》等，著作销量共计超过21万册。主要的作品在韩国和中国台湾地区均有翻译出版，也即将在中国大陆推出。

本人一直秉承的创作宗旨是，让大家读完之后内心可以变得健康幸福。

作者官方网站

https://www.innervoice.com/

详细内容请搜索"弥永英晃"。